Mahmoud AbdEl-Mongy
Shehab Talat
Abeer Bayoumi

Atividade antimicrobiana do óleo de Foeniculum vulgare

Mahmoud AbdEl-Mongy
Shehab Talat
Abeer Bayoumi

Atividade antimicrobiana do óleo de Foeniculum vulgare

ScienciaScripts

Imprint

Any brand names and product names mentioned in this book are subject to trademark, brand or patent protection and are trademarks or registered trademarks of their respective holders. The use of brand names, product names, common names, trade names, product descriptions etc. even without a particular marking in this work is in no way to be construed to mean that such names may be regarded as unrestricted in respect of trademark and brand protection legislation and could thus be used by anyone.

Cover image: www.ingimage.com

This book is a translation from the original published under ISBN 978-3-659-96132-8.

Publisher:
Sciencia Scripts
is a trademark of
Dodo Books Indian Ocean Ltd. and OmniScriptum S.R.L publishing group

120 High Road, East Finchley, London, N2 9ED, United Kingdom
Str. Armeneasca 28/1, office 1, Chisinau MD-2012, Republic of Moldova, Europe
Printed at: see last page
ISBN: 978-620-7-94937-3

Efeito do óleo *de Foeniculum vulgare* na atividade antimicrobiana de diferentes antibióticos contra bactérias patogénicas resistentes

Mahmoud Abd El-Mongy[1] , Shehab E. Talat Mohamed[2] ; A. B. Abeer Mohammed[1]

"Microbial Biotechnology Genetic Engineering and Biotechnology Research Institute, University of Sadat City.

Departamento de Microbiologia, Organização Nacional de Controlo e Investigação sobre Drogas (NODCAR), Dokki, Giza, Egito.

Autor correspondente: Dr. Mahmoud AbdEl-Mongy

Correio eletrónico: abdelmongyamr@gmail.com

Neste capítulo, a eficácia antimicrobiana do óleo de funcho isolado e combinado com antibióticos foi estudada pelo método de difusão em ágar. As amostras de alimentos comestíveis foram recolhidas em supermercados da província de El-Giza, no Cairo, Egito. Existem bactérias multirresistentes presentes nos alimentos comestíveis. **Objetivo:** Focalizar a melhoria da sensibilidade dos isolados bacterianos mais resistentes devido à presença de óleo de funcho no meio de ágar. **Materiais e métodos:** O isolamento foi feito pelo método clássico, utilizando um meio seletivo, e depois por testes bioquímicos utilizando técnicas modernas. **Resultados:** Os resultados mostraram que os isolados identificados eram 28 bactérias patogénicas, como *Staphylococcus Spp.* 10 isolados (40%), *Micrococcus spp.* 1 isolado (4%), E. *coli* 11 isolados (44%), *Citrobacter freundii* 1 isolado (4%), *Enterobacter species* 1 isolado (4%), *Enterobacter cloacae* 1 isolado (4%) e *P. aeruginosa* 1 isolado (4%). Verificam-se melhorias significativas na atividade antimicrobiana da tetraciclina contra E. *coli* isolada do leite devido ao meio com óleo de funcho. Além disso, a sensibilidade de *Enterobacter spp.* a Meropenem aumentou significativamente em meio contendo óleo de funcho. Foram registados os mesmos resultados para todos os antibióticos testados contra *p. aeruginosa* enquanto esta era resistente ao óleo de funcho.

a sensibilidade de E. *coli* e *Enterobacter spp.* diminuiu significativamente à ciprofloxacina em meio contendo óleo de funcho.

Palavras-chave

Bactérias Gram negativas; resistência a antibióticos; ciprofloxacina; funcho; *Enterobacter spp.*

ÍNDICE DE CONTEÚDOS:

CAPÍTULO 1

Introdução

O óleo de plantas medicinais desempenha um papel importante no aspeto antimicrobiano **(Talat** et al., **2017)**. Os compostos do óleo de *Foeniculum vulgare*, como a fenchona e o limoneno, desempenham um papel importante nos aspectos médicos, utilizando um modelo de ferida cutânea excisional em ratos. Foi feita uma ferida de excisão no dorso do rato e a fenchona e o limoneno foram aplicados topicamente nas feridas uma vez por dia, separadamente ou em conjunto, durante 10 dias. As secções de tecido das feridas foram avaliadas em termos de histopatologia. O potencial de cicatrização foi avaliado por comparação com um grupo de controlo não tratado e um grupo simulado tratado com azeite de oliva. Após o sexto dia, a contração da ferida com limoneno foi significativamente melhor do que no grupo de controlo. Dez dias após o tratamento, observou-se um aumento significativo da contração da ferida e da reepitelização nos grupos tratados com fenchona e com óleo de limoneno, em comparação com o grupo simulado. Os grupos tratados com fenchona e com fenchona e limoneno obtiveram resultados significativamente mais elevados do que o grupo de controlo, mas a diferença não foi estatisticamente significativa em comparação com o grupo tratado com azeite. Os nossos resultados apoiam os efeitos benéficos da fenchona e do limoneno no aumento da cicatrização de feridas. As actividades anti-inflamatórias e antimicrobianas da fenchona e do óleo de limoneno aumentaram a síntese de colagénio e diminuíram o número de células inflamatórias durante a cicatrização de feridas e podem ser úteis para o tratamento de feridas cutâneas **(Keskin** et *al.,* **2017)**. Também,

Muitas espécies de bactérias Gram negativas são patogénicas e causam várias infecções, como infecções do trato urinário, bacteriemia, septicemia e pneumonia **(Badr AL-Deen** et al., **2014)**. A maioria das espécies do género *Enterobacter* é considerada patogénica, como *Enterobacter agglomerans*, *Enterobacter aerogenes* e *Enterobacter cloacae* **(Ye et** al., **2006)**. A utilização prolongada de antibióticos em doses terapêuticas conduz à resistência bacteriana **(Tenover, 2006)**. As bactérias multirresistentes mostram principalmente resistência à maioria das classes de antibióticos **(Kwaku** et al., **2016)**. Além disso, os alcalóides vegetais podem ser considerados inibidores da bomba de efluxo **(Holler** et al., **2012)**. Por outro lado, muitos alcalóides vegetais aumentam a sensibilidade das bactérias resistentes aos antibióticos **(Johny** et *al.* **2010)**. O mecanismo de resistência antimicrobiana nas bactérias é principalmente mediado pela interação entre transportadores específicos de antibióticos e bombas de efluxo, pelo que os compostos vegetais podem atuar através da modulação destas bombas de efluxo que aumentam a sensibilidade das bactérias aos antibióticos **(Quinn** et al. **2006)**. Além disso, **Garvey** et *al.* **(2012)** afirmaram que algumas plantas medicinais têm atividade inibidora do efluxo contra bactérias. As bombas de efluxo são uma das principais causas da resistência a múltiplos fármacos. Estas bombas de efluxo de múltiplos fármacos apresentam-se na membrana celular bacteriana, eliminando os agentes antimicrobianos das células bacterianas **(Andersen** et al., **2015)**. Por último, as actividades antimicrobianas dos produtos vegetais despertam o interesse dos cientistas devido à resistência aos antibióticos que algumas bactérias adquiriram **(Lakehal** et al. **2016)**. Assim, este estudo foi realizado para detetar o padrão de resistência de bactérias Gram negativas obtidas a partir de alimentos na província de El Giza e o efeito do óleo de plantas medicinais sobre estas estirpes.

CAPÍTULO 2

Material e métodos.

1) Isolamento de bactérias.

Foram recolhidas 50 amostras de alimentos comestíveis em supermercados da província de El-Giza, no Cairo, Egito. De janeiro a dezembro de 2015.

Recolha de amostras: De acordo com o método recomendado por **EI-Jakee *et al.* (2013).**

Meios de crescimento:

Caldo de nutrientes.

Ágar nutriente.

Ágar Mueller-Hinton.

Ágar SS (Ágar Salmonella Shigella).

Ágar XLD.

Ágar Verde Brilhante.

Ágar azul de eosina e metileno.

Ágar Cetrimida Pseudomonas.

Ágar de sal de manitol.

Baird Parker Agar.

Caldo de azida dextrose (rothe).

Caldo de nutrientes (g /I): Composto por peptona 5,0 g/1, cloreto de sódio 5,0 g/1, extrato de carne de bovino 3,0 g/1, extractos de levedura 2,0 g/1. Em seguida, o pH foi ajustado a 7,0, autoclavado a 121 °C durante cerca de 15 minutos e utilizado para a propagação de microrganismos. **(Ibrahim e Hameed, 2015)**

Ágar nutriente (g /I): Composto por extrato de levedura 2g/l, peptona 5g/l, cloreto de sódio 5g/l e ágar 17g/1. Em seguida, o pH foi ajustado a 7,4 **(Collee *et al.*, 1989)**, autoclavado a 121 °C durante cerca de 15 minutos e utilizado para a propagação de microrganismos.

Ágar Mueller-Hinton (g/1): Composto por infusão de carne de bovino 300g /I, hidrolisado de caseína 17,5g/l, amido 1,5g/l, ágar 17g/l. O pH foi ajustado a 7,4 **(Collee e Miles, 1989)**, autoclavado a 121 °C durante cerca de 15 minutos e utilizado para o teste de sensibilidade antimicrobiana.

Agar SS (Salmonella Shigella Agar) (g/1): Composto por extrato de carne de bovino 5, digestão péptica de tecido animal 5 g/1, lactose 10 g/1, mistura de sais biliares 8,5 g/1, citrato de sódio 10 g/1, tiossulfato de sódio 8.5 g/1, citrato férrico 1 g/1, verde brilhante 0,00033 g/1, vermelho neutro 0,025 g/1 e ágar 15 g/1 **(Mikoleit, 2010).** O pH foi ajustado a 7,0 e depois aquecido até à ebulição para dissolver completamente o meio, utilizado para o isolamento de *E. coli* e *Salmonella spp.*

Ágar XLD (Xilose lisina desoxicolato) (g /I): Composto por extrato de levedura 3g/l, L-Lisina 5g/l, Xilose 3,75g/l, Lactose 7,5g/l, Sacarose 7,5g/l, Desoxicolato de sódio lg/1, Cloreto de sódio 5g/l, Tiossulfato de sódio 6,8g/l, Citrato férrico de amónio 0.8g/l, vermelho de fenol 0,08g/l, ágar 12,5g/l **(Mikoleit,** 2010). Em seguida, o pH foi ajustado para 7,4 e depois aquecido até à ebulição para dissolver completamente o meio, utilizado para o isolamento de E. *coli* e *Salmonella spp.*

Ágar verde brilhante (g /I): Composto por peptona proteica 10g/l, extrato de levedura 3g/l, lactose 10g/l, sacarose 10g/l, cloreto de sódio 5g/l, vermelho de fenol 0,08g/l, verde brilhante 0,0125g/l, ágar 20g/l **(Rene, 2003).** Em seguida, o pH foi ajustado a 6,9 e depois aquecido até à ebulição para dissolver completamente o meio, utilizado para o isolamento de E. *coli* e *Salmonella spp.*

Ágar EMB (Ágar Eosina Azul de Metileno) (g/1): Composto por Peptona 10,05g/l, Lactose 10,0 g/1, Di potássio monohidrogenofosfato 2,0 g/1, Azul de Metileno 0,065 g/1, Eosina Y 0,4 g/1 e Ágar 15,0 g/1 B **(Dagny *et al.*, 2001).** O pH foi ajustado para 7,1, autoclavado a 121 °C durante cerca de 15 minutos e utilizado para o isolamento de *Enterobacteriaceae.*

Ágar Pseudomonas Cetrimide (g/1): Composto por digestão pancreática de gelatina 20.0 gm, sulfato de potássio lO.Ogm, cloreto de magnésio 1.4 gm, brometo de cetiltrimetilamónio 0.3 gm, glicerina 10.0 ml Agar 13,6 gm **(Tsoraeva e Martinez,2000)** O pH final ajustado a 7,2 foi autoclavado a 121 °C durante cerca de 15 minutos e utilizado para o isolamento e identificação de *Pseudomonas aeruginosa.*

Ágar Sal Manitol (g/1): Composto por Peptona 10,0, Extrato de carne de bovino 1,0, Cloreto de sódio 75,0, D-Manitol 10,0, Vermelho de fenol 0,025 e Ágar 15,0

(**Davis _et al._, 2006**), o pH foi ajustado a 7,0, autoclavado a 121 °C durante cerca de 15 minutos e utilizado para o isolamento e identificação de _Staphylococcal aureus_.

Ágar Baird Parker (g/l): Composto por hidrolisado enzimático de caseína 10,0, extractos de carne de bovino 5,0, extrato de levedura 1,0, glicina 12,0, piruvato de sódio 10,0, cloreto de lítio 5,0 e ágar 15,0 (**Turutoglu** et _al._, **2005**), o pH foi ajustado a 7,0, autoclavado a 121 °C durante cerca de 15 minutos e utilizado para o isolamento de _Staphylococcal aureus_.

Caldo azida dextrose (rothe) (g/l): composto por peptona 20,0, glucose 5,0, cloreto de sódio 5,0, hidrogenofosfato de di-potássio 2,7, di-hidrogenofosfato de potássio 2,7 e azida de sódio 0,2 (**Dionisio e Borregob, 1995**). O pH foi ajustado a 6,8, autoclavado a 121 °C durante cerca de 15 minutos e utilizado para o isolamento de _Enterococcus spp._

2) Identificação de bactérias.

Cartões de reagentes Os cartões de reagentes têm 64 poços que podem conter, cada um, um substrato de teste individual. Os substratos medem várias actividades metabólicas, como a acidificação, alcalinização, hidrólise enzimática e crescimento na presença de substâncias inibidoras.

Uma película opticamente transparente presente em ambos os lados do cartão permite o nível adequado de transmissão de oxigénio, mantendo ao mesmo tempo um recipiente selado que impede o contacto com as misturas organismo-substrato. Cada cartão tem um tubo de transferência pré-inserido utilizado para a inoculação (descrito abaixo).

Os cartões têm códigos de barras que contêm informações sobre o tipo de produto, número de lote, data de validade e um identificador único que pode ser ligado à amostra antes ou depois de carregar o cartão no sistema. **A Figura 1.A** mostra a máquina VITEK II, enquanto **a Figura 1.B** mostra o cartão GN, finalmente, **a Fig. (1.C)** mostra o fluxograma VITEK II para identificação de _Enterobacteriaceae_.

Fig. (1.A): Máquina VITEK II

Fig. (l.B): Cartão VITEK II para identificação de *Enterobacteriaceae*.

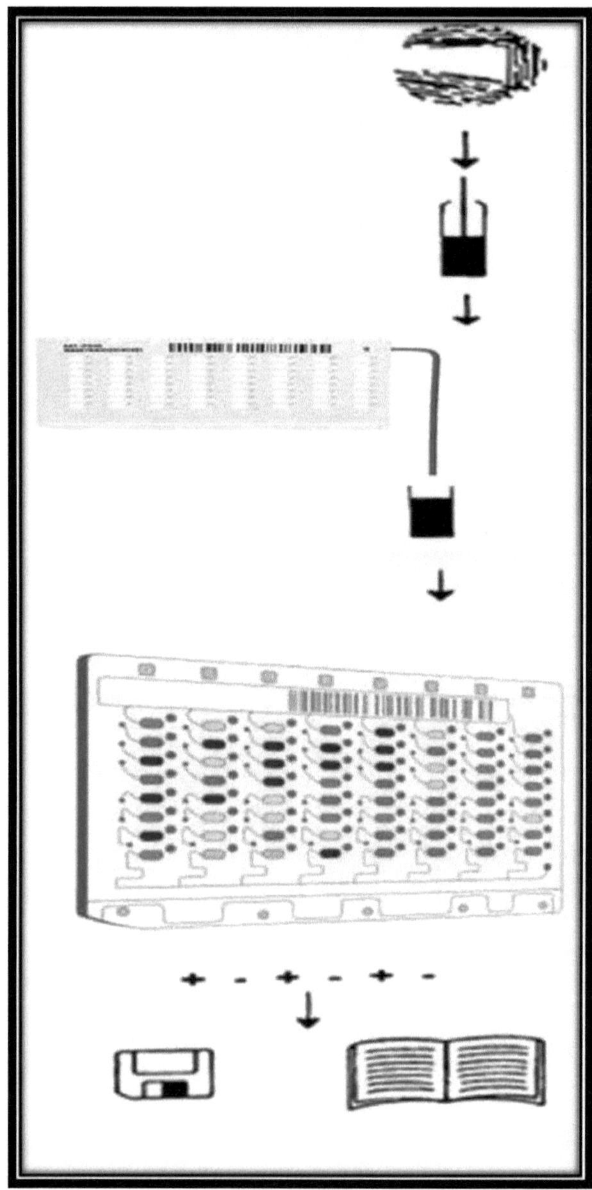

Fig. (l.C): Fluxograma VITEK II para identificação de *Enterobacteriaceae*.

Requisitos culturais

As informações on-line sobre o produto contêm uma tabela de requisitos de cultura que enumera os parâmetros para a preparação adequada da cultura e do inóculo.

Estes parâmetros incluem os meios de cultura aceitáveis, a idade da cultura, as condições de incubação e a turvação do inóculo Preparação da suspensão Utiliza-se uma zaragatoa estéril ou um bastão aplicador para transferir um número suficiente de colónias de uma cultura pura e para suspender o microrganismo em 3,0 ml de solução salina estéril (NaCl aquoso 0,45% a 0,50%, pH 4,5 a 7,0) num tubo de ensaio de plástico transparente (poliestireno) de 12 x 75 mm. A turvação é ajustada a 0,5 0,5 mcfarland utilizando o densitómetro.

Inoculação Os cartões de identificação são inoculados com suspensões de microrganismos utilizando um aparelho de vácuo integrado.

Um tubo de ensaio contendo a suspensão de microrganismos é colocado num suporte especial (cassete) e o cartão de identificação é colocado na ranhura adjacente enquanto se insere o tubo de transferência no tubo de suspensão correspondente.

A cassete pode acomodar até 10 testes (VITEK 2 Compact; ver **Figura l.D.**) ou até 15 testes (VITEK 2 e VITEK 2 XL; ver **Figura l.E.**) A cassete cheia é colocada manualmente (VITEK 2 compact) ou transportada automaticamente (VITEK 2 e VITEK 2 XL) para uma estação de câmara de vácuo.

Após a aplicação do vácuo e a reintrodução de ar na estação, a suspensão do organismo é forçada através do tubo de transferência para os microcanais que enchem todos os poços de teste.

Selagem e incubação dos cartões Os cartões inoculados são passados por um mecanismo que corta o tubo de transferência e sela o cartão antes de o colocar na incubadora em carrossel.

A incubadora em carrossel pode acomodar até 30 ou até 60 cartões. Todos os tipos de cartões são incubados em linha a 35,5 + 1,0°C.

Cada cartão é retirado da incubadora em carrossel de 15 em 15 minutos, transportado para o sistema ótico para leituras de reação e, em seguida, devolvido à incubadora até à hora da leitura seguinte. Os dados são recolhidos a intervalos de 15 minutos durante todo o período de incubação.

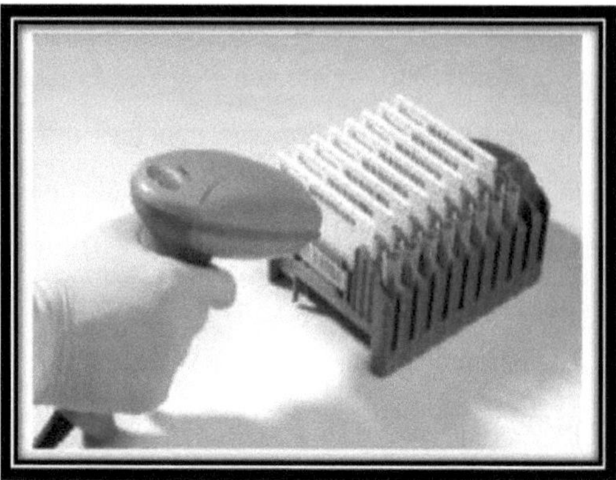

Figura (l.D.) Cassete VITEK II Compact carregada com cartões e tubos de suspensão e leitor de códigos de barras para introdução de dados.

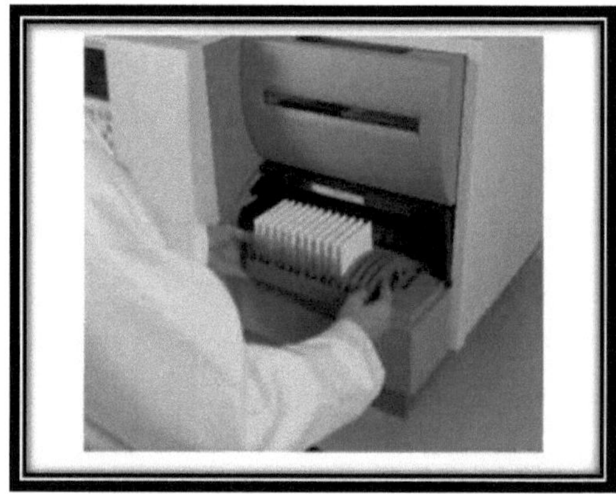

Figura (l.E.) Cassete VITEK II carregada com cartões e tubos de suspensão sendo carregada no sistema de transporte automático.

Sistema ótico Um sistema ótico de transmitância permite a interpretação das reacções de teste utilizando diferentes comprimentos de onda no espetro visível. Durante a incubação, cada reação de teste é lida a cada 15 minutos para medir a turvação ou os produtos coloridos do metabolismo do substrato. Além disso, é utilizado um algoritmo especial para eliminar leituras falsas devido a pequenas bolhas que possam estar presentes. Reacções de Teste Os cálculos são efectuados em dados brutos e comparados com limiares para determinar as reacções para cada teste.

No VITEK 2 Compact, os resultados das reacções de teste aparecem como +ve ou -ve. As reacções que aparecem entre parênteses são indicativas de reacções fracas que estão demasiado próximas do limite do teste. Com o VITEK 2 ou o VITEK 2 XL, estas reacções fracas aparecem como "?".

Desenvolvimento da Base de Dados: As bases de dados dos produtos de identificação VITEK 2 são construídas com grandes conjuntos de estirpes de microrganismos bem caracterizados testados em várias condições de cultura. Estas estirpes são derivadas de uma variedade de fontes clínicas e industriais, bem como de colecções de culturas públicas (por exemplo, ATCC) e universitárias. Técnicas analíticas

Os dados de teste de um organismo desconhecido são comparados com a respectiva base de dados para determinar um valor quantitativo para a proximidade de cada um dos taxa da base de dados.

Cada um dos valores compostos é comparado com os outros para determinar se os dados são suficientemente únicos ou próximos de um ou mais dos outros taxa da base de dados.

Se não for reconhecido um padrão de identificação único, é apresentada uma lista de organismos possíveis ou determina-se que a estirpe está fora do âmbito da base de dados.

Um nível de identificação de um biopatema desconhecido é comparado com a base de dados de reacções para cada taxon, e é efectuado um cálculo de probabilidade numérica. São atribuídos vários níveis qualitativos de identificação com base no cálculo da probabilidade numérica (**Ling *et al.*, 2001**).

3) Extração e análise de óleos.

Os óleos das plantas medicinais foram obtidos no Departamento de Fitoquímica, Centro de Investigação Aplicada de Plantas Medicinais, Organização Nacional para o Controlo e Investigação de Drogas "NODCAR" Giza, Egito.

A extração do óleo foi feita a partir de cem gramas de pó de cada parte da planta, cobertos com água suficiente num balão e submetidos a destilação a vapor de acordo com o método descrito na **Farmacopeia Britânica (2016)** durante 4 h para obter óleo essencial.

Os óleos foram secos sobre sulfato de sódio anidro e armazenados em frascos pretos a

5°C. Todos os óleos testados estavam em conformidade com as especificações **da British Pharmacopoeia (2016). A Figura (2.A.)** mostra a hidrodestilação (aparelho) enquanto **a Fig. (2.B)** mostra a hidrodestilação (instalação da hidrodestilação).

Fig. (2.A.) Hidrodestilação (aparelho).

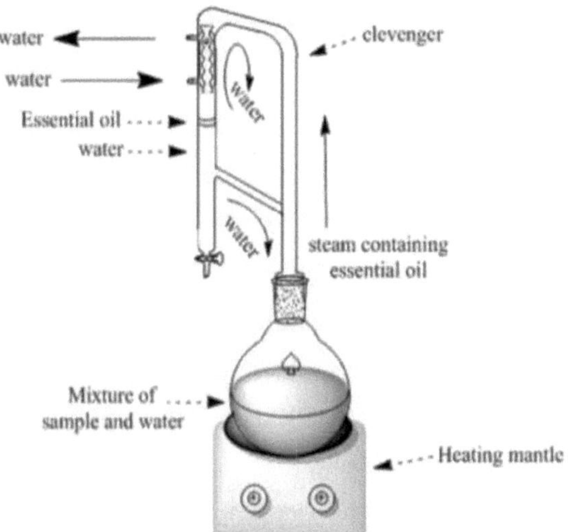

Fig. (2.B) Hidrodestilação (Instalação da hidrodestilação).

CAPÍTULO 3

Cromatografia gasosa

As análises GC do óleo essencial obtido foram efectuadas utilizando o Cromatógrafo de Gás HP5890 Série II, o Detetor Seletivo de Massa HP 5972 e o Amostrador Automático Agilent Série 6890 (Agilent Technologies, EUA). Utilizou-se uma coluna capilar supelco MDN-5S de 30 m por 0,25 mm com uma espessura de película de 0,5 pm, tendo o hélio como gás de arrastamento a um caudal de 1,0 ml/min. A temperatura do forno de GC foi programada para uma temperatura inicial de 40 °C durante 5 minutos, depois aquecida até 140 °C (5 °C /min) e mantida a 140 °C durante 5 minutos, depois aquecida até 280 °C (9 °C /min) e mantida durante 5 minutos adicionais. As temperaturas do injetor e do detetor foram fixadas em 250 °C.

4) Teste de suscetibilidade aos antibióticos.

Um cotonete estéril mergulhado na suspensão bacteriana foi espalhado na superfície das placas de ágar Mueller-Hinton anteriores. Deixou-se secar as placas inoculadas antes de colocar os discos de difusão de antibióticos. A suscetibilidade dos isolados testados aos vários antibióticos testados foi efectuada através do método de difusão em disco, tal como descrito pelo **Clinical and Laboratory Standards Institute (CLSI, 2012).** A utilização de discos de antibióticos comercialmente disponíveis, adquiridos à Oxoid Ltd. Co. revelados para muitos grupos de antibióticos (fluoroquinolonas, quinolonas,β - lactamas,β - combinação de inibidores de lactamase,٢nd geração de cefalosporinas,٣rd geração de cefalosporinas, aminoglicosídeos, inibidores da via do folato e tetraciclina) foram colocados na superfície das placas MHA inoculadas com bactérias Gram negativas. Para *Enterococcus faecalis* como bactéria Gram positiva, utilizar (β -lactamase inhibitor combination,١st generation cephalosporin,٢nd generation cephalosporin,٣rd generation cephalosporin,٤th generation cephalosporin, carbapenems, aminoglycosides, fluoroquinolones, quinolone and macrolide). As placas inoculadas foram depois incubadas a 37°C durante 24 h. Os diâmetros das zonas de inibição foram medidos incluindo o diâmetro dos discos. Os resultados foram expressos como sensíveis, intermédios e resistentes de acordo com o **CLSI, (2012).**

5) Atividade antibacteriana do óleo de funcho.

A atividade antibacteriana do óleo de funcho contra vários isolados bacterianos clínicos testados foi estudada através do método de difusão em ágar de acordo com **Parez** et *al.* **(1990)**, utilizando (100$^\mu$ 1) de cada óleo para encher o poço de 10 mm de diâmetro. Após 24h de incubação a 37°C, todas as placas foram observadas quanto às zonas de inibição do crescimento, e os diâmetros dessas zonas foram medidos em milímetros. Menos de 14 mm foi considerado um organismo resistente.

6) Deteção da interação sinergética entre óleos vegetais e antibióticos.

De acordo com **Moussaoui e Alaoui (2016)**, com algumas modificações, as placas foram inoculadas com 0,5 ml de óleo/50 ml de ágar Mueller-Hinton (MHA) e depois deixadas secar antes de colocar os discos de difusão de antibióticos. A suscetibilidade do isolado testado a vários antibióticos testados foi realizada pelo método de difusão em disco, conforme descrito pelo **CLSI (2012)**.

Resultados e discussão

50) amostras de alimentos comestíveis foram recolhidas em supermercados na província de El-Giza, Cairo, Egito.

51) Os resultados indicaram a existência de muitas bactérias patogénicas, como *Staphylococcus aureus* 10 isolados (40%), E. *coli* 11 isolados (44%), *citrobacter freundii* 1 isolado (4%), *Enterobacter species* 1 isolado (4%), *Enterobacter cloacae* 1 isolado (4%) e *Pseudomonas aeruginosa* 1 isolado (4%).

1) Isolamento e caraterização de bactérias Gram negativas

A deteção da estirpe foi efectuada por vitec para determinação dos testes bioquímicos.

2) Efeito antimicrobiano do óleo de funcho contra bactérias Gram-negativas patogénicas.

As estirpes de bactérias Gram negativas foram testadas quanto à suscetibilidade a 13 antibióticos e ao funcho.

As actividades antimicrobianas do óleo de funcho contra *E. coli, Citrobacter freundi, E. coli, Enterobacter cloacae* e *Enterobacter spp.* são apresentadas no **Quadro (1)**, indicando que todas as estirpes eram resistentes ao óleo de funcho, exceto *EE. coli* do leite e *Citrobacter freundi* do leite, que eram sensíveis.)

Tabela (1) Efeito antibacteriano do óleo de funcho utilizando a zona de inibição do método de difusão em poço (mm).

source	milk	Milk	cheese	Egg	Milk
Oil	*Citrobacter freundi*	*E. coli*	*E. coli*	*Enterobacter cloacae*	*Enterobacter spp.*
Fennel	19	18	0 (R)	0 (R)	-(R)

(R) Resistente, (S) sensível.

A este respeito, os óleos de plantas medicinais são componentes naturais utilizados como antimicrobianos, o que leva muitos cientistas a analisar as plantas e a estudar as suas actividades antimicrobianas em aspectos terapêuticos (**Kekuda *et al.*, 2010**).

A partir de resultados anteriores, o óleo de funcho foi considerado o óleo antimicrobiano mais fraco contra as estirpes testadas.

3) Efeito do óleo de funcho e da combinação de antibióticos contra bactérias patogénicas.

4) A.) *Enterobacteriaceae* **resistentes**

A interação do óleo de funcho com os antibióticos testados é apresentada no **quadro (2)**, que mostra que a adição de óleo de funcho ao meio de ágar testado não produziu qualquer alteração significativa na atividade antimicrobiana de todos os antibióticos testados para *Citrobacter freundi* do leite. Foram apresentados os mesmos resultados para a *E. coli* do leite, exceto que a tetraciclina aumentou significativamente no meio de ágar com óleo de funcho, em comparação com a atividade antimicrobiana do controlo.

No caso da *E. coli* do queijo, a adição de óleo de funcho ao meio de ágar testado melhorou significativamente a atividade antimicrobiana do ácido nalidíxico, da cefoperazona e do sulfametozol/trimetoprim. Mas o óleo de funcho no meio de ágar testado reduziu significativamente a sensibilidade da estirpe testada à ciprofloxacina. No caso da *Enterobacter cloacae* do ovo, a adição de óleo de funcho ao meio de ágar testado melhorou significativamente a atividade antimicrobiana do ácido nalidíxico, da ciprofloxacina, do meropenem, da gentamicina e da amicacina.

No caso de *Enterobacter spp.* do leite, a adição de óleo de funcho no meio de ágar testado melhorou significativamente a atividade antimicrobiana do ácido nalidíxico, meropenem, gentamicina e amicacina. Finalmente, a adição de óleo de funcho no meio de ágar testado reduziu significativamente a sensibilidade da estirpe testada à ciprofloxacina.

Tabela (2) a resposta antibacteriana a combinações entre antibióticos e óleo de funcho utilizando o método de difusão em disco.

Microorganism and source	*Citrobacter freundi* from milk		*E. coli* from milk		*E. coli* from cheese		*Enterobacter cloacae* from egg		*Enterobacter spp.* from milk	
	Control	With oil	control	With oil	control	With oil	control	With oil	control	With oil
Nalidixic acid 30µg	20(S)	21(S)	20(S)	21(S)	18(I)	30(S)	16(I)	20(s)	16(I)	25(s)
Ciprofloxacin 5 µg	29(S)	30(S)	29(S)	30(S)	30(S)	28(S)	30(S)	32(S)	30(S)	20(R)
Pipracillin/tazobactam110 µg	19(I)	19(I)	20(I)	20(I)	16(R)	16(R)	18(I)	18(I)	14(R)	14(R)
Ampicillin/sulbactam 10 µg	-(R)	-(R)	-(R)	-(R)	-(R)	-(R)	-(R)	-(R)	-(R)	-(R)
Cefoperazone 75µg	15(R)	15(R)	15(R)	15(R)	15(R)	18(I)	-(R)	-(R)	-(R)	-(R)
Cefaclor 30 µg	-(R)	-(R)	-(R)	-(R)	-(R)	-(R)	-(R)	-(R)	-(R)	-(R)

Ertapenem 10µg	**10(R)**	**10(R)**	**13(R)**	**13(R)**	**10(R)**	**10(R)**	**9(R)**	**9(R)**	**8(R)**	**8(R)**
Meropenem 10µg	**-(R)**	**-(R)**	**-(R)**	**-(R)**	**-(R)**	**-(R)**	**20(I)**	**37(I)**	**-(R)**	**38(R)**
Gentamycin 10µg	**15(S)**	**15(S)**	**22(S)**	**22(S)**	**22(S)**	**22(S)**	**15(S)**	**20(S)**	**15(S)**	**30(S)**
Amikacin 30µg	**22(S)**	**22(S)**	**22(S)**	**22(S)**	**25(S)**	**25(S)**	**20(S)**	**28(S)**	**20(S)**	**32(S)**
Doxycycline 30µg	**9(R)**	**9(R)**	**-(R)**	**-(R)**	**15(S)**	**15(S)**	**-(R)**	**-(R)**	**15(S)**	**15(S)**
Tetracycline 30µg	**13(I)**	**13(I)**	**-(R)**	**12(I)**	**-(R)**	**-(R)**	**-(R)**	**-(R)**	**-(R)**	**-(R)**
Sulphamethazole/trimethoprim 25µg	**25(S)**	**25(S)**	**16(S)**	**16(S)**	**-(R)**	**25(S)**	**-(R)**	**-(R)**	**-(R)**	**-(R)**

Zona de inibição medida em (mm), (R) resistente, (S) sensível, (I) intermédia.

Os resultados obtidos na **Fig. (3.A)** revelaram que o óleo de funcho no meio testado não produziu qualquer alteração significativa na atividade antimicrobiana do antibiótico testado contra a estirpe *Citrobacter freundi* isolada do leite.

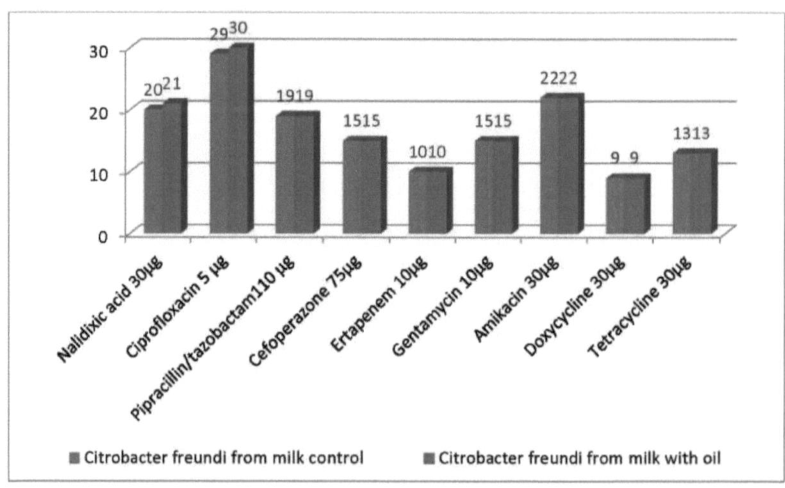

Fig (3.A): Efeito do óleo de funcho na atividade antimicrobiana de alguns antibióticos contra *Citrobacter freundi* isolado do leite.

A este respeito, também foram registadas indiferenças e antagonismos entre óleos essenciais e diferentes antibióticos **(Petruta et *al.*, 2016).**

Os resultados obtidos na **Fig. (3.B)** revelaram que o óleo de funcho no meio testado produziu uma alteração significativa na atividade antimicrobiana do antibiótico tetraciclina contra a estirpe *E. coli* isolada do leite.

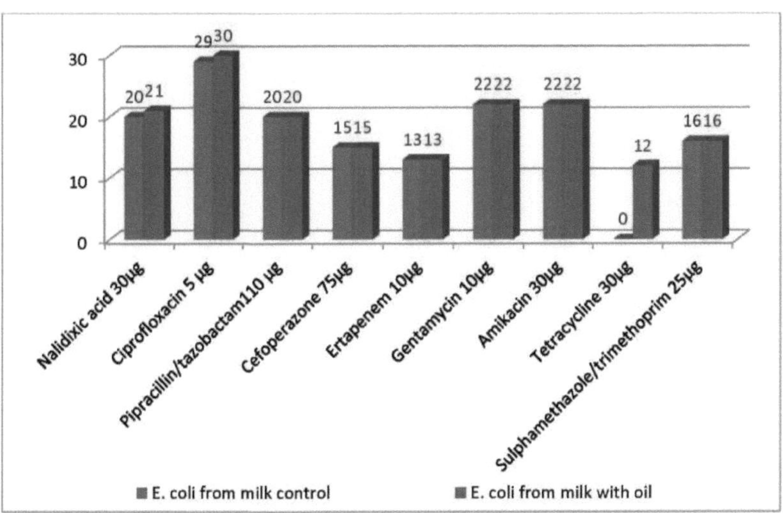

Fig (3.B): Efeito do óleo de funcho na atividade antimicrobiana de alguns antibióticos contra *E. coli* isolada do leite.

A este respeito, o modo de ação da tetraciclina pensou na inibição do crescimento das bactérias ao entrar na célula microbiana, ligar-se aos ribossomas bacterianos e parar a síntese proteica, uma vez que se liga fortemente a um único local na subunidade ribossómica 30S e a proteína ribossómica 7S parece fazer parte do local de ligação **(Goldman, et *al.* 1983).** Além disso, existem 3 mecanismos de resistência dos microrganismos à tetraciclina (limitação do acesso do antibiótico tetraciclina aos ribossomas bacterianos, alteração do ribossoma para impedir a ligação da tetraciclina ao ribossoma e produção de enzimas inactivadoras da tetraciclina pelas bactérias), podendo todos estes tipos de resistência ser encontrados numa estirpe bacteriana **(Brenda et *al.*, 1992).** Por último, os nossos resultados estão de acordo com **Hung** et *al.* (2015), em que a resistência à doxiciclina foi inferior à da tetraciclina, uma vez que a doxiciclina é considerada uma tetraciclina de 2nd geração que difere estruturalmente da tetraciclina e se torna mais solúvel em lípidos **(Valentin *et al.* 2009).**

Os resultados obtidos na **Fig. (3.C) e na Fig. (4)** revelaram que o óleo de funcho no meio testado altera significativamente a atividade antimicrobiana do antibiótico Sulfametazol/trimetoprim contra a estirpe *E. coli* isolada do queijo.

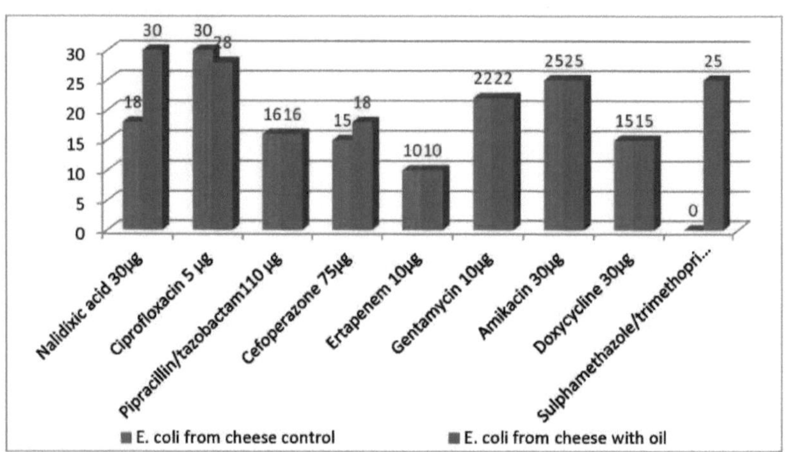

Fig (3.C): Efeito do óleo de funcho na atividade antimicrobiana de alguns antibióticos contra *E. coli* isolada de queijo.

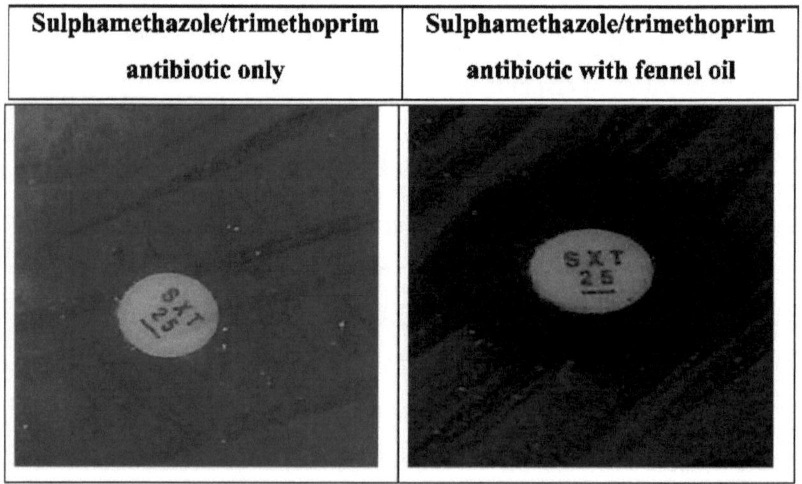

Fig (4): Efeito do óleo de funcho na atividade antimicrobiana do sulfametazol/trimetoprim contra *E. coli* isolada de queijo utilizando o método de

difusão em disco.

A este respeito, o modo de ação antibacteriano de ambas as sulfonamidas/trimetoprima é através da via de biossíntese do folato, pelo que as mutações das enzimas DHFR (dihidropteroato sintase e dihidrofolato redutase) causam uma redução da afinidade para as sulfonamidas e o trimetoprima, respetivamente, provocando resistência aos antibióticos **(Huovinen *et al.*, 1995)**. Os genes que codificam as enzimas resistentes às sulfonamidas e ao trimetoprim são apresentados em plasmídeos, causando a propagação da resistência **(Alekshun e Levy, 2007)**.

Os resultados obtidos a partir da **Fig. 5** revelaram que o óleo de funcho no meio testado produziu uma alteração significativa na atividade antimicrobiana dos antibióticos ácido nalidíxico, meropenem, gentamicina e amicacina contra *Enterobacter cloacae* isolado de ovos comestíveis.

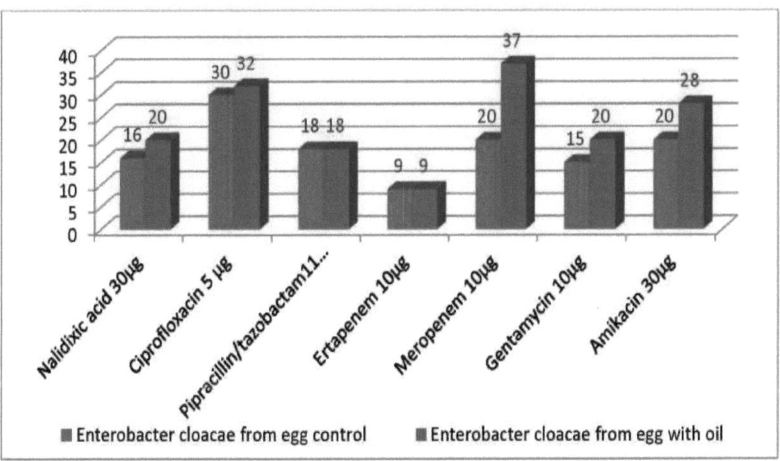

Fig (5): Efeito do óleo de funcho na atividade antimicrobiana de alguns antibióticos contra *Enterobacter cloacae* isolado de ovo comestível.

Os efeitos antibacterianos dos antibióticos de quinolona ocorrem através da ligação a complexos que se formam entre o ADN e a DNA girase. Pouco depois da ligação, as quinolonas provocam uma alteração molecular na enzima DNA girase **(Hashem** et *al.*, **2013)**. A este respeito, as mutações das enzimas girase ou topoisomerase IV causam resistência às quinolonas **(Hooper, 1999)**, o que pode ser a causa da resistência intermédia de *E. coli* do queijo, *Enterobacter cloacae* do ovo e

Enterobacter spp. do leite ao ácido nalidíxico, uma vez que as mutações responsáveis reduzem a afinidade do complexo enzima-DNA às quinolonas **(Willmott e Maxwell, 1993).**

Os resultados obtidos a partir da **Fig. (6)** revelaram que o óleo de funcho no meio testado provocou alterações significativas na atividade antimicrobiana dos antibióticos ácido nalidíxico, meropenem, gentamicina e amicaína contra *Enterobacter spp.* isoladas do leite.

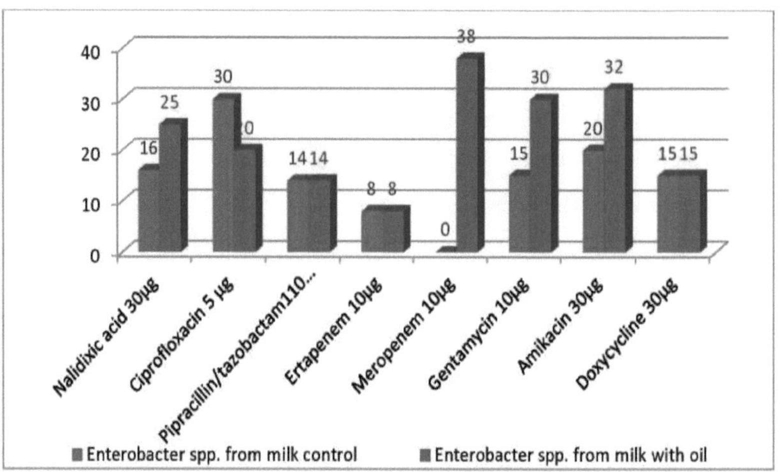

Fig (6): Efeito do óleo de funcho na atividade antimicrobiana de alguns antibióticos contra *Enterobacter spp.* isoladas do leite.

A este respeito, a principal causa da resistência aos aminoglicosídeos deve-se principalmente às enzimas modificadoras dos aminoglicosídeos **(Maria e Blanchard, 2009).** Além disso, a maioria das enzimas pertencentes à subfamília APH (3') está disseminada entre os microrganismos patogénicos **(Kim e Mobashery, 2005).** A este respeito, o antibiótico amicacina é mais eficaz no tratamento de bactérias resistentes do que outros antibióticos aminoglicosídeos **(Smith e Baker, 2002).** O antibiótico amicacina é um antibiótico semi-sintético fabricado a partir da canamicina A, sendo que esta modificação leva a que a amicacina se torne menos suscetível à ação nociva de muitas enzimas modificadoras dos aminoglicosídeos **(Maria e Blanchard, 2009).**

A deteção de bactérias Gram negativas produtoras de carbapenemase é muito importante, uma vez que também estão associadas à resistência a outros antibióticos, dando origem à multirresistência **(Gomez** et *al.,* **2011)**. Além disso, o padrão de resistência nos nossos resultados está de acordo com **Bansal** et al. **(2013)**, que afirmaram que o aumento da incidência de bactérias produtoras de carbapenemases em todo o mundo constituiu um desafio científico para o diagnóstico e o tratamento de infecções bacterianas, uma vez que hidrolisam antibióticos P-lactâmicos, incluindo carbapenemes, penicilinas e cefalosporinas, e a sua atividade de hidrólise é inibida por sulbactam, tazobactam e clavulânico.

A partir de resultados anteriores, pode resumir-se que as estirpes de bactérias Gram-negativas de origem alimentar parecem ser resistentes a vários antibióticos testados. A este respeito, medidas sanitárias adequadas causam uma diminuição dos casos de bactérias de origem alimentar nos países desenvolvidos **(Dione *et al.,* 2011)**. Além disso, a infeção devido a bactérias de origem alimentar torna-se uma importante preocupação de saúde pública, especialmente nos países em desenvolvimento **(Anejo-Okopi** et *al.,* **2014)**. Finalmente, **Silva** et *al.* **(2012)** afirmaram que o a-pineno, quando combinado com diferentes antibióticos, reduzirá a CIM dos antibióticos combinados.

3.B.) *P. aeruginosa* resistente.

As actividades antimicrobianas dos quatro óleos contra *P. aeruginosa* foram apresentadas na **Tabela (3)**, indicando que P. *aeruginosa* era sensível ao óleo de tomilho, resistente ao óleo de funcho, de cominho e de hortelã-pimenta

Tabela (3): Eficácia antibacteriana de alguns óleos de plantas medicinais utilizando o método de difusão em poço contra *P. aeruginosa.*

Oil	Inhibition zone (mm)
Fennel	0 (R)

(R) Resistente, (S) Sensível

Deteção da interação sinergética entre o óleo de funcho e os antibióticos contra *P. aeruginosa* resistente.

Os dados obtidos na **tabela (4)** revelaram que a sensibilidade de *P. aeruginosa* a todos os antibióticos testados foi significativamente aumentada em meio contendo 1 ml de óleo de funcho/ 100 ml de meio (V/V).

Tabela (4): Suscetibilidade a antibióticos utilizando o método de difusão em disco em combinação com 1 ml de óleo de funcho/100 ml de meio (V/V) contra *P. aeruginosa*.

Antibiotic classes	Antibiotic disks (Concentration/disk)	control Inhibition zone in mm	Fennel Inhibition zone in mm	Action
β-lactam (β-lactamase inhibitor combination)	Piperacillin/tazobactam (110µg)	12 (R)	16(I)	A
Carbapenem(β-lactam)	Meropenem (10µg)	0 (R)	21(s)	A
aminoglycosides	Gentamicin (10µg)	14(I)	19(s)	A
	Amikacin (30µg)	20(S)	28(S)	A
fluoroquinolones	Levofloxacin (5µg)	18 (S)	25(S)	A
	Ciprofloxacin (5µg)	28 (S)	30(S)	A

(R) Resistente, (S) sensível, (I) intermédio, (N) Sem alteração significativa, (A) sensibilidade do antibiótico aumentada.

3.C) Contra bactérias Gram positivas resistentes.

O efeito antimicrobiano do óleo de plantas medicinais contra bactérias Gram positivas resistentes foi apresentado na **tabela (5)**, mostrando que todas as bactérias Gram positivas resistentes eram sensíveis ao óleo de anis, funcho, hortelã-pimenta, tomilho e cominho.

Tabela (5): Efeito antibacteriano de alguns óleos de plantas medicinais utilizando

o método de difusão em disco contra bactérias gram positivas multirresistentes.

source	Egg1			Egg2			CHE		
Oil	*faecalis*	*occus*	*Enteroc*	*faecalis*	*occus*	*Enteroc*	*faecalis*	*occus*	*Enteroc*
Fennel	11			12			12		

Zona de inibição (mm).

Deteção da interação sinergética entre o óleo de funcho e os antibióticos contra *Enterococcus faecalis* resistente.

Os resultados obtidos a partir da **tabela (6)** revelaram que a sensibilidade do *Enterococcus faecalis* isolado de ovo comestível (1) aos antibióticos cefaclor e cefepima aumentou no caso da adição de 2 pl de óleo de funcho ao disco de antibiótico. Além disso, a sensibilidade do *Enterococcus faecalis* isolado de ovo comestível (1) à norfloxacina não se alterou no caso da adição de 2pl de óleo de funcho. Além disso, a sensibilidade do *Enterococcus faecalis* isolado de ovo comestível (1) à piperacilina/tazobactam, à cefotaxima, à vancomicina e à clindamicina não se alterou no caso da adição de 2 pl de óleo de funcho ao disco de antibiótico.

Por outro lado, a sensibilidade do *Enterococcus faecalis* isolado de ovo comestível (1) à cefuroxima diminuiu no caso da adição de 2 pl de óleo de funcho ao disco de antibiótico.

Não se registaram alterações significativas na sensibilidade à amoxicilina/ácido clavulânico, à ampicilina/sulbactam, à cefradina, à gentamicina, à ofloxacina, à ciprofloxacina ou ao ácido nalidíxico no caso da adição de 2 pl de óleo de funcho ao disco de antibiótico. A sensibilidade do *Enterococcus faecalis* isolado de ovos comestíveis (1) ao imipenem e ao meropenem diminuiu no caso da adição de 2 pl de óleo de funcho ao disco de antibiótico.

A sensibilidade do *Enterococcus faecalis* isolado de ovo comestível (1) à cefixima não se alterou no caso da adição de 2pl de óleo de funcho ao disco de antibiótico. Além disso, a sensibilidade do *Enterococcus faecalis* isolado de ovo comestível (1) à piperacilina/tazobactam diminuiu no caso da adição de 2pl de óleo de funcho ao disco de antibiótico.

Os resultados obtidos no **quadro (6)** revelaram que a sensibilidade do *Enterococcus faecalis* isolado do queijo kareesh aos antibióticos cefradina, cefaclor, cefuroxima, cefotaxima, cefixima, cefepima, gentamicina e clindamicina aumentou no caso da adição de 2pl de óleo de funcho ao disco de antibiótico.

Por outro lado, a sensibilidade do *Enterococcus faecalis* isolado do queijo kareesh à amoxicilina/ácido clavulânico e à ampicilina/sulbactam diminuiu no caso da adição de 2 pl de óleo de funcho. Além disso, a sensibilidade do *Enterococcus faecalis* isolado do queijo kareesh ao imipenem diminuiu no caso da adição de 2 pl de óleo de funcho ao disco de antibiótico.

Finalmente, a sensibilidade do *Enterococcus faecalis* isolado do queijo kareesh ao ácido nalidíxico no caso da adição de 2 pl de óleo de funcho ao disco de antibiótico. Não se registaram alterações significativas na sensibilidade ao meropenem, à ofloxacina, à ciprofloxacina, à norfloxacina e à vancomicina no caso da adição de 2JLI1 de óleo de funcho ao disco de antibiótico.

Os resultados obtidos a partir do **quadro (6)** revelaram que a sensibilidade do *Enterococcus faecalis* isolado de um ovo comestível (2) aos antibióticos piperacilina/tazobactam, cefradina, cefaclor, cefuroxima, cefotaxima, cefixima, gentamicina, ácido nalidíxico, vancomicina e clindamicina aumentou no caso de se adicionar 2 pl de óleo de funcho ao disco de antibiótico.

Além disso, a sensibilidade do *Enterococcus faecalis* isolado de um ovo comestível (2) aos antibióticos cefepima não se alterou no caso da adição de 2 pl de óleo de funcho ao disco de antibiótico.

Não se registou qualquer alteração significativa na sensibilidade à amoxicilina/ácido clavulânico, ampicilina/sulbactam, imipenem, meropenem, ofloxacina, ciprofloxacina e norfloxacina no caso da adição de 2 pl de óleo de funcho ao disco de antibiótico.

Tabela (6): Suscetibilidade a antibióticos de alguns antibióticos utilizando o método de difusão em disco em combinação com óleo de funcho/disco antibiótico contra *Enterococcus faecalis* resistente.

Antibiotic classes	Antibiotic disks (Concentration/disk)	from / is / faecal		from / is		is / faecal	
		control	Fennel	control	Fennel	control	Fennel
β-lactams (β-lactamase inhibitor combination)	Amoxicillin/clavulanic acid 30 µg (2/1)	36	٣٠	٢٦	٢١	٢٥	٢٥
	Ampicillin/sulbactam 20 µg	٣٦	٣٨	٢٥	٢٠	٢٦	٢٦
	Piperacillin/tazobactam 110	20	١٢	٩	١٢	٠	١٢
1st generation cephalosporens	Cephradine 30µg	١٤	20	٠	١٠	0	11
2nd generation cephalosporens	Cefaclor 30 µg	١١	٣٨	٠	١٠	0	10
3rd generation cephalosporins	Cefuroxime 30 µg	٠	١٥	٠	١٠	٠	٨
	Cefotaxime 30 µg	١٤	١٤	٠	١٠	0	11
	Cefixime 5 µg	0	٠	٠	١١	0	12
4th generation cephalosporin	Cefepime 30µg	١٠	٣٦	٠	١٠	٨	11

Carbapen ems(β-lactam)	Imipenem 10 µg	36	14	٢٧	٢٢	٢٦	٢٨
	Meropenem 10µg	٣٦	٣٢	١٨	١٢	١٨	١٨
Aminoglyc osides	Gentamicin 10µg	22	٢٥	٨	٢٠	٠	١٢
Fluoroqui nolones	Ofloxacin 5 µg	٣٠	٢٩	١٧	١٧	17	١٨
	Ciprofloxacin 5µg	30	30	١٩	١٩	٢١	٢٥
	Norfloxacin 10µg	٣٠	٣٠	٢٠	٢٠	١٨	٢٠
Quinolones	Nalidixic acid 30µg	21	24	١٥	١٠	0	11
Macrolide	vancomycin 30µg	١٦	١٨	١٥	١٧	15	٢٠
	clindamycin 2µg	١٤	١٥	٠	١١	0	10

Antimicrobial activity of Cefotaxime (3rd generation cephalosporin) against *Enterococcus faecalis* isolated from kareesh cheese.

Right disc showing inhibition zone as antimicrobial activity of the (antibiotic incorporated with *Fennel* oil), while left disc showing no inhibition zone as bacterial resistance

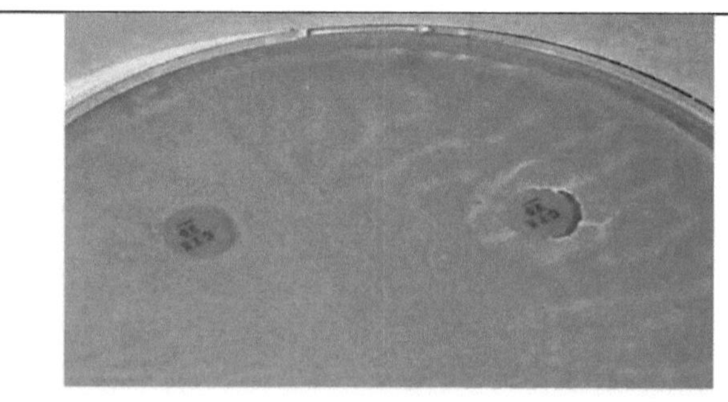

Fig (7): Suscetibilidade a alguns antibióticos utilizando o método de difusão em disco contra bactérias gram positivas *Enterococcus faecalis* resistentes.

4) Determinação do componente ativo do óleo de funcho.

Os dados obtidos da análise de GC do óleo de funcho apresentados na **Fig (8) e** na **tabela (7)** indicam que estão de acordo com as especificações **da Farmacopeia Britânica (2016)**, onde o limoneno 3,5% (deve ser de 0,9% a 5%) e o anetol 62,6% (deve ser de 55% a 75%).

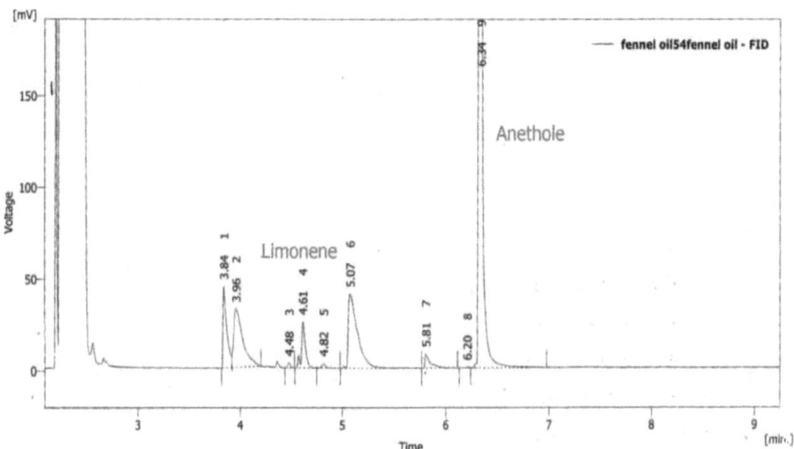

Fig. (8): Análise GC ilustrando os principais compostos activos do óleo de funcho.

Tabela (7): Análise GC ilustrando a concentração dos principais compostos activos do óleo de funcho.

Tabela de resultados (Uncal ■ óleo de funcho ■ FID),

	Reten. Time [min]	Start Time [min]	End Time [min]	Start Value [mV]	End Value [mV]	Area [mV.s]	Height [mV]	Area [%]	Height [%]
1	3.837	3.817	3.917	1.798	2.049	113.046	44.365	6.4	7.3
2	3.957	3.917	4.203	2.049	2.769	199.096	31.390	11.2	5.1
3	4.480	4.440	4.533	1.880	1.855	4.655	2.627	0.3	0.4
4	4.613	4.537	4.750	1.855	1.808	65.193	24.895	3.7	4.1
5	4.817	4.750	4.977	1.808	1.758	6.031	2.592	0.3	0.4
6	5.073	4.980	5.767	1.758	1.750	246.035	40.276	13.9	6.6
7	5.807	5.767	6.110	1.750	1.800	27.014	7.490	1.5	1.2
8	6.203	6.127	6.237	1.801	1.833	0.680	0.336	0.0	0.1
9	6.337	6.237	6.977	1.833	2.046	1109.895	457.872	62.6	74.8
Total						1771.646	611.843	100.0	100.0

CAPÍTULO 4

Conclusão

Este capítulo demonstrou que a preocupação com a resistência aos antibióticos se torna um grande problema científico e deve ser objeto de uma consideração importante. Além disso, a combinação entre antibióticos e óleo de funcho tem um valor significativo, uma vez que os óleos essenciais melhoram o efeito antimicrobiano dos antibióticos contra bactérias Gram negativas resistentes, uma vez que os compostos voláteis podem romper a membrana celular microbiana, facilitando assim a penetração dos antibióticos. Finalmente, o óleo de funcho pode reduzir a sensibilidade de *Enterobacter spp.* à ciprofloxacina, pelo que a complexidade gerada pela combinação do funcho com o antibiótico ciprofloxacina deve ser estudada.

CAPÍTULO 5

Referências

Acimovic Milica, Vele Tesevic, Marina Todosijevic, Jovana Djisalov e Snezana Oljaca (2015). Caraterísticas de composição do óleo essencial de Pimpinella anisum e Foeniculum vulgare cultivadas na Sérvia. 39(1): (2015) 09-14

Alekshun M. N. e Levy S. B. (2007). Mecanismos moleculares de resistência a múltiplas drogas antibacterianas. Journal Cell 128, 23 de março de 2007 Elsevier Inc 128,1037-1050 10.1016/mar. 03.004.

Andersen J. L. , Gui-Xin H., Prathusha K. R. K. C. , Sanath K. , Wazir S. L., Mun M., Indrika R., Ugina S., Thuy T. e Manuel F. V. (2015). Bombas de Efluxo Multidrogas de bactérias Gram negativas, Vibrio cholerae e *Staphylococcus aureus* Patógenos Alimentares Bacterianos. Int. J.

Environ. Res. Public Health 12, 1487-1547; doi: 10.3390/ijerphl20201487.

Anejo-Okopi JA, Adamu ME, Okwori AEJ, Audu O. e Odeigah PGC (2014). Deteção molecular de serovares de Salmonella em amostras de carne crua reenviadas usando 16SrRNA, local e genes de virulência fliC em Lagos, Nigéria. IOSR Journal of Dental and Medical Sciences (IOSR-JDMS).

Badr AL-Deen Rudwan, Abdulhakim Azizieh e Lina AL-Ameer (2014). Identificação de bactérias Gram negativas Bactérias alimentares em alimentos sírios por PCR. Avanços em Biologia Ambiental, 8(5) abril, Páginas: 1233-1237.

Bansal, M., Vyas, N., Sharma, B. e Maheshwari, R.K. (2013). Diferenciação de bactérias Gram-negativas produtoras de Carbapenemase por teste de disco triplo. Indian J. Basic Appl. Med. Res., 3(1): 314 320.

Brenda S., S., Nadja B. S., e Abigail A. S. (1992). Bacterial Resistance to Tetracycline: Mechanisms, Transfer, and Clinical Significance. Clinical microbiology reviews, Oct., p. 387-399.

Farmacopeia Britânica, (2013). Volume I & II, Substância Medicinal e Farmacêutica, Fruto do Cardo Mariano.

CLSI (Instituto de Normas Clínicas e Laboratoriais), (2012). Normas de desempenho para testes de suscetibilidade antimicrobiana, vigésimo primeiro suplemento informativo. Documento CLSI M100-S21 Vol. 31 No.1 Wayne, Pennsylvania, EUA. Pp. 42-87.

Collee, J.G., R.S. Miles, e Laidlaw, M. 1989. Testes para identificação de bactérias; Mycobacterium: bacilos da tuberculose. In: Collee J G, Marmion BP, Fraser AG, Duguid JP, eds. Mackie and McCartney Practical Medical Microbiology, 13ª ed., Reino Unido. REINO UNIDO: Churchill Livingstone. II: 141-160, 399-416.

Dagny J. L.; Jerry R. R. e Franc O. E. (2001). Utilização do ágar azul de eosina metileno para diferenciar *Escherichia coli* de outros agentes patogénicos gramnegativos da mastite. J. Vet Diagn Invest. 13:273-275.

Davis J. A.; Farrah S. R. e Wilkie A. C. (2006). Crescimento seletivo de *Staphylococcus aureus* a partir de águas residuais de estrume de vacas leiteiras utilizando ágar-sal de manitol suplementado com acriflavina. Letters in Applied Microbiology Volume 42, Número 6, Versão de registo online: 25 de abril de 2006.

Dione M. M., U. Ikumapayi, D. Saha, I. N. Mohammed, A .R. Adegbola, S. Geerts , M. leven, e M. Antonio (2011). Resistência antimicrobiana e genes de virulência de isolados de Salmonella não tifoide na Gâmbia e no Senegal. The Journal of Infection in Developing Countries. 5(11), 765-775.

Dionísio L. P. O. C. e Borregob J. J. (1995). Avaliação de meios para a enumeração de *estreptococos* fecais em amostras de água natural. Journal of Microbiological Methods 23 183-203.

El-Jakee, S. A. Marouf, Nagwa S. Ata, Eman H. Abdel-Rahman, Sherein I. Abd El-Moez, A. A. Samy e Walaa E. El-Sayed (2013). Método rápido para deteção de enterotoxinas de Staphylococcus aureus em alimentos. Global Veterinaria 11 (3): 335-

341, ISSN 1992-6197 © IDOSI Publications, 2013 DOI: 10.5829/idosi.gv.2013.11.3.1140.

Garvey Mark I., Mukhlesur Rahman, Simon Gibbons e Laura J.V. Piddock (2012). Extractos de plantas medicinais com atividade inibitória de efluxo contra bactérias Gram-negativas. Jornal Internacional de Agentes Antimicrobianos.

Goldman, R. F., T. Hasan, C. C. Hall, W. A. Strycharz e Cooperman B. S. (1983). Foto incorporação de tetraciclina em ribossomas de Escherichia coli. Identificação das principais proteínas fotomarcadas por tetraciclina nativa e fotoprodutos de tetraciclina e implicações para a ação inibidora da tetraciclina na síntese proteica. Bioquímica 22:359-368.

Gomez, S. A., Pasteran, F.G. e Faccone, D. (2011). Disseminação clonal de Klebsiella pneumonia ST258 com KPC-2 na Argentina. Clin. Microbiol. Infect. 17:1520 1524.

Hashem Rasha A., Ay men S. Yassin, Hamdallah H. Zedan e Magdy A. Amin (2013). Mecanismos de resistência às fluoroquinolonas em isolados clínicos de *Staphylococcus aureus* resistentes à meticilina no Cairo, Egito. *J. Infect. Dev. Ctries.* 7(ll):796-803. doi:10.3855/jidc.3105.

Holler, J.G.; Slotved, H.-C.; Molgaard, P.; Olsen, C.E.; Christensen e S.B. Chaicone (2012). Inibidores da bomba de efluxo NorA em células inteiras de Staphylococcus aureus e vesículas de membrana evertidas enriquecidas. Bioorganic Med. Chern. 20, 4514 4521.

Hooper D. C. (1999). Mecanismo de resistência às fluoroquinolonas. Drug Resist Updat 2: 38-55.

Hung Yuan-Pin, Jen-Chieh Lee, Hsiao-Ju Lin, Hsiao-Chieh Liu Pei-Jane Tsai, Yi-Hui Wu e Wen-Chien Ko (2015). Doxiciclina e Tigeciclina: Dois Medicamentos Amigáveis com uma Baixa Associação com a Infeção por Clostridium Difficile. *Antibiotics* 4, 216-229; doi: 10.3390/antibiotics 4020216.

Huovinen P., Sundstrom L., Swedberg G. e Skold O. (1995). Resistência à trimetoprima e à sulfonamida. Antimicrob. Agents Chemother. 39, 279-289 10.1128/AAC.39.2.279.

Ibrahim I. A. e Hameed T. A. (2015). Isolamento, caraterização e padrões de resistência antimicrobiana de *Enterobacteriaceae* fermentadoras de lactose isoladas de amostras clínicas e ambientais. Jornal Aberto de Microbiologia Médica 5, 169-176

Johny A. K., T. Hoagland e K. Venkitanarayanan (2010). Efeito de concentrações subinibitórias de moléculas derivadas de plantas no aumento da sensibilidade de *Salmonella enterica* Serovar TyphimuriumDT104 multirresistente a antibióticos. Foodbome Pathogens and Disease, vol.7, no. 10,pp. 1165-1170.

Kekuda P., T. R., Mallikarjun, N., Swathi, D., Nay ana, K. V., Aiyar, M.B. e Rohini, T.R. (2010) Antibacterial and antifungal efficacy of steam distillate of Moringa oleifera Lam. J. Pharm. Sci. & Res., 2(1): 3437.

Keskin I., Gunal Y., Ayla S., Kolbasi B., Sakul A., Kilic U., Gok O., Koroglu K., Ozbek H. (2017). Efeitos dos compostos de óleo essencial *de Foeniculum vulgare*, fenchone e limoneno, na cicatrização experimental de feridas. Biotech Histochem. 92(4):274-282. doi: 10.1080/10520295.2017.1306882. Epub Apr 20.

Kim, C. e Mobashery, S. (2005). Transferência de fosforilo por aminoglicosídeos 3-fosfotransferases e manifestação de resistência a antibióticos. Bioorg. Chern. 33, 149-158.

Kwaku G. M., Salifu P. S. e Mills-Robertson F. C. (2016). Resistência de Bactérias Isoladas de Couve (Brassica *oleracea),* Cenoura *{Dcmcus carota}* e Alface (Lactuca sativa) na Metrópole de Kumasi do Gana. International Journal of Nutrition and Food Sciences 5(4): 297-303.

Lakehal Samah, Meliani A, Benmimoune S, Bensouna SN, Benrebiha FZ e Chaouia C. (2016). Composição do óleo essencial e atividade antimicrobiana de Artemisia herba-alba Asso cultivada na Argélia. Med. Chern. (Los Angeles) 6: 435-

439.

Ling T. K. W., Tam P. C., Liu Z. K. e Augustine F. B. C. (2001). Avaliação do Sistema de Identificação Rápida e Teste de Suscetibilidade VITEK 2 contra Isolados Clínicos Gram-Negativos.

Maria L. Magalhães e John S. Blanchard (2009). Aminoglicosídeos Mecanismos de ação e resistência Capítulo 14 janeiro DOI: 10.1007/978-1 -59745-180-2 14.

Menassa N., Bosshard P. P., Kaufmann C., Grimm C. e Auffarth G. U. (2010). Deteção rápida de ceratite fúngica com papel de filtro FTA estabilizador de ADN. Invest. Ophthalmol. Vis Sci. 51: 1905-1910.

Mikoleit (2010). Isolamento de *Salmonella* e *Shigella* a partir de espécimes fecais. Rede Mundial de Infecções de Origem Alimentar da OMS.

Motaa S. A. , M. Rosario Martinsb , Silvia Arantesb , Violeta R. Lopesc , Eliseu Bettencourtd , Sofia Pombala , Arlindo C. Gomesa e Lucia A. Silva (2015). Atividade Antimicrobiana e Composição Química dos Óleos Essenciais de Frutos de Foeniculum vulgare Portugueses.

Moussaoui F. e Alaoui T. (2016). Avaliação da atividade antibacteriana e do efeito sinérgico entre o antibiótico e os óleos essenciais de algumas plantas medicinais. Jornal do Pacífico Asiático de Biomedicina Tropical. oi:10.1016/j.apjtb.2015.09.024.

Parez, C., Paul M. e Bazerque, P. (1990). Ensaio de antibióticos pelo método de difusão em poço de ágar. Ata. Biol. Med. Exp., 15:113-115.

Petruta Aelenei, Anca Miron, Adriana Trifan, Alexandra Bujor,

Elvira Gille e Ana Clara Aprotosoaie (2016). Óleos Essenciais e seus Componentes como Moduladores da Atividade Antibiótica contra Bactérias GramNegativas. Medicamentos 3,19.

Quinn T., R. O'Mahony, A. W. Baird, D. Drudy, P. Whyte e S. Fanning (2006).

Multi-drug resistance in Salmonella enterica: efflux mechanisms and their relationships with the development of chromosomal resistance gene clusters. Current Drug Targets, vol. 7, n.º 7, pp. 849-860.

Rene S. H. (2003). Protocolos de Laboratório Curso de Formação de Nível 1 Isolamento de *Salmonella*. Global Salmonella Survillance.

Silva Ana Cristina Rivas da , Paula Monteiro Lopes , Mariana Maria Barros de Azevedo , Danielle Cristina Machado Costa, Celuta Sales Alviano e Daniela Sales Alviano (2012). Actividades Biológicas dos Enantiómeros de a-Pineno e P-Pineno. Molecules 17, 6305-6316

Talat Shehab E., Mahmoud Abd El-Mongy, Mona I. Mabrouk, A.B. Abeer Mohammed e Hanafy A. Hamza 2017. Caracterização Molecular de *Pseudomonas Aeruginosa* Resistente a Antibióticos P-lactâmicos Isolada de Alimentos Egípcios. Revista Internacional de Farmacologia. Volume: 13 Edição: 3 Página nº: 313-322

Tsoraeva A. e Martinez C. R. (2000). Comparação de dois meios de cultura para isolamento seletivo e enumeração por filtro de membrana de *Pseudomonas aeruginosa* na água. Revista Latinoamericana de Microbiologia 42:149-154 Asociacion Latinoamericana de Microbiologia.

Turutoglu H.; Tasci F. E Ercelik S. 2005). Deteção de *staphylococcus aureus* no leite através do teste da coagulase em tubo. Bull Vet Inst Pulawy 49, 419-422, 2005.

Smith, C. A. e Baker, E. N. (2002). Resistência aos antibióticos aminoglicosídeos por desativação enzimática. Curr. Drug Targets Infect. Disord. 2, 143-160.

Tenover F. C. (2006). Mechanisms of antimicrobial resistance in bacteria (Mecanismos de resistência antimicrobiana em bactérias). The American Journal of Medicine, vol. 119, n.º 6, suplemento l, pp. S3-S10.

Valentin Sheila, Adisbeth Morales, Jorge L Sanchez e Abimael Rivera (2009). Segurança e eficácia da doxiciclina no tratamento da rosácea. Clin Cosmet Investig

Dermatol. 2: 129-140.

Willmott C. J. e Maxwell A. (1993). Uma mutação de ponto único na proteína DNA girase A reduz grandemente a ligação das fluoroquinolonas ao complexo girase-DNA. Antimicrob Agents Chemother 37: 126-127.

Ye Y., J. B. Li, e D. Q. Ye. (2006). Bacteremia por Enter*obacter*: Clinical Features, risk Factors for Multi resistance and Mortality in a Chinese University Hospital. Infection, 34(5): 252-257.

I want morebooks!

Buy your books fast and straightforward online - at one of world's fastest growing online book stores! Environmentally sound due to Print-on-Demand technologies.

Buy your books online at
www.morebooks.shop

Compre os seus livros mais rápido e diretamente na internet, em uma das livrarias on-line com o maior crescimento no mundo! Produção que protege o meio ambiente através das tecnologias de impressão sob demanda.

Compre os seus livros on-line em
www.morebooks.shop

Printed by Books on Demand GmbH, Norderstedt / Germany